美味植物的进化

【西】伊班 · 爱德华多 · 穆尼奥斯　著

【智】阿尔贝托 · 蒙特　绘

王扬　译

GUANGXI NORMAL UNIVERSITY PRESS

广西师范大学出版社

· 桂林 ·

序 言

这本书讲的是可食用植物。你也许会疑惑，蔬菜、水果和粮食有什么好讲的呢？这多半是一本菜谱，或者是让人认识各种水果，比如葡萄、柑橘的书吧？其实，这本书的编写目的，是回答一些你不知道的问题：

我们今天吃的这些蔬菜，一直都是可以食用的吗？它们有怎样的演变历史？如果你在北京种植加那利群岛红香蕉，那么长出来的香蕉是红色的还是黄色的？世界各地的人吃的蔬菜都是一样的吗？如何种植无籽西瓜？我们能让水果一直保持新鲜吗？野生植物好不好？

我们一起打开这本书寻找答案吧！

目 录

我的购物清单

想想你知道的所有可食用植物，列一份清单。不写下来也没关系。不过，俗话说："好记性不如烂笔头。"慢慢写，我会等你的。

你写了多少？有20种吗？
50种？100种？我敢打赌，
你肯定写不了100种。

你知道吗，可食用植物的种类成千上万！准确地说，世界上大约有40万种植物，其中大约30万种是可以食用的，有7000种是经过人类驯化（栽培）的，而我们只吃其中的200种。当然，你没必要了解每一种植物，因为它们一般只在原产地生长，并在当地售卖。这就是在旅行时，你有时会发现一些不认识的水果或蔬菜的原因。

山竹是一种美味的水果。它产于热带地区，如泰国。全球化让我们可以享用世界各地产出的食物，但有些非热带地区的人们并不容易吃到山竹，因为它在漫长的运输过程中会变质。

路易波士是一种可以制茶的豆科植物。它只在南非的一个山区生长。

但是就算不在新西兰，我也能买到新西兰奇异果呀！

新西兰奇异果和山竹不一样，它经过长途运输也能够保持新鲜，这是好事。但运输过程会消耗大量能源。

12种基本可食用植物

这里有12种基本的可食用植物。

如果你对于世界上有几十万种可以吃的植物感到很神奇，那么更不可思议的是，
以上提到的12种植物，占据了全球每年作物实际播种面积的大部分。

但是……一直都是这样吗？

早餐我想吃点儿谷类食物，
结果他们给我拿来了这些。

部分农业作物的种植是为了喂养供人类食用的动物。如果我们减少食用肉类，就没有必要喂养那么多动物，也就没有必要占用土地来种植那么多农作物了。这将减少我们对自然资源的使用，以及对环境的影响。

野生植物

我们和植物之间的关系发生了很大变化。几千年前，世界上没有菜市场、商场，更没有超市（第一家超市直到20世纪才出现）。人类靠打猎以及从自然界中直接采集谷物和野生水果为生。

野生植物是指生长在其原本的自然环境中，没有经过驯化的植物。

我们今天吃的玉米，一穗长15～30厘米。

一穗玉米！

一穗野生玉米，长5～7厘米。

它是怎么变得这么长的呢？

在中国，玉米又称玉蜀黍、苞谷、棒子、玉茭、珍珠米等。

生存技巧

英国生物学家查理·罗伯特·达尔文热衷于观察自然。正因如此，他提出的一些科学理论，比如自然选择，为人类带来了翻天覆地的变化。如果留心观察自然，你也会发现自然界中植物具有不可思议的生存技巧。

仙人掌大多生长在沙漠里。由于环境干旱缺水，它习惯于尽可能少地消耗水，同时尽一切可能储存水分。

查理·罗伯特·达尔文（1809—1882）

生长在沼泽地的植物，茎部通常都比较挺拔，这样才能使顶部露出水面。

一些植物会尽可能结出大而甜美多汁的果实，以此吸引动物吃掉果实，通过这种方式来散播种子。

一些植物会分泌毒液，以此保护自己不受采食者侵害；还有一些植物会长出利刺，或是用坚硬的外壳保护自己的果实。

一些植物也会长出鲜艳的、香气四溢的花朵来吸引动物帮助授粉，这样更加容易繁殖。

睡莲有长长的茎，可以使花叶漂浮在水面上。

一些植物的根会扎到地面以下很深的地方，以便获取更多的地下水分。

随着历史某个节点的到来，物种们不得不适应一个新的变化因素：人类。一万年前，随着农业的出现，物种的变化更加迅速。

生命不息，变化不止

和其他生物一样，为了适应环境，植物会随着时间的推移不断进化。大自然充满了智慧。有时，同一物种的一个或多个个体进化出某种特性，让它们比其他同类更适宜生存（比如更加柔韧，或是能储存更多水分），这种特性就更容易通过下一代传递下去。由此，物种便会不断变化、进化。

如果这些变化很慢，达尔文怎么观察得到呢？

他研读了很多关于大自然的文章呀。他也会进行实地考察，观察同一物种的众多不同个体，不断记录它们之间的差异，即便差异微乎其微。

达尔文对自然选择的研究所发表的最重要的一篇文章是《通过自然选择的物种起源》，今天我们更多地把它简称为《物种起源》。

物种经过生存竞争，适应者生存，不适应者被淘汰。

这话我也说过，查理……

阿尔弗雷德·拉塞尔·华莱士（1823—1913）

最初的发现

正是由于最初对自然现象的直觉和对自然界的观察，人类开始获得关于植物和种植的新发现，你现在熟知的某些科学观念，它们看起来似乎显而易见，但是人类在过去通过大量的实践——验证这些发现……最终才出现了农业。

1 种下一颗种子，
一株新的植物就会长出来！

2 植物需要水，
不用一直等下雨，你可以给它浇水！

3 如果给土壤施肥，植物会长得更好。
没错，肥料有时候是牛粪……

驯化植物，你好！

今天，我们在世界各地的市场上看到的可食用植物，几乎都是经过人类驯化的。这意味着，它们都已经被培育成可以满足我们消费需求的品种了。这也是为什么我们买到的都是各种各样又大又美味的玉米，而不是野生的小玉米。不过，有一些可食用植物依然是从森林中采集而来的，比如野生蘑菇和黑莓。

科学家芭芭拉·麦克林托克专门研究玉米的遗传问题，多年后科学界认可了她的发现，她在1983年被授予诺贝尔生理学或医学奖。

驯化植物的过程永远不会停止。玉米怎么会有这么大变化呢？方法不止一种。最典型的做法是选取颗粒最多、穗最大的玉米，种植它们的种子，得到新一代植物，这样一代一代，年复一年，没有终点。

未来的植物会变成什么样子呢？

特征问题

如何区分野生植物和驯化植物？有什么秘诀吗？当然有。科学家们花了很多时间来观察、分析和研究所谓的"驯化综合征"，也就是众多驯化植物具有的一系列共同特征。在这一部分，你将看到一些例子。如果留心观察，你就会发现，人们从过去到现在一直在对一些植物进行改造，好让它们的种植过程变得更容易、更高效，可食用的部分更符合我们的口味——当然，我们的口味也在改变！

很多植物都需要通过散播种子来繁殖。有的植物种子很容易被风吹走，有的会以不可思议的方式释放种子，比如像婚礼上的礼宾花那样。有些驯化植物没有这样的种子传播机制，籽或果实收集起来也更加容易。

大小是非常容易识别的特征之一。很多野生植物可食用部分都相当小。所以在驯化过程中，让植物的果实、种子或叶子变大是一个主要目的。

现代农业机械化程度更高，需要作物生长如时钟般精确。为了使播种、耕作和收割更简单高效，一些植物被驯化后，它们的成熟期相同。也就是说，人类会想办法让在某一区域种植的某一类植物具有相同的生长周期。

侧枝减少也是植物驯化的一个目的。如果一株植物只有一根主干，没有侧枝，那么一块同样大小的土地上就可以种植更多植物，产量也会增加，机器收割会更加容易。

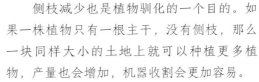

植物驯化的另一个目的是去除一些植物果实中的酸味或有毒的物质，这原本是植物自身的保护机能。完成这一步，我们就可以吃到一些原本无法食用的东西，比如杏仁。

它们是在哪里被驯化的？

农业并不是遍布全球的，也并非在同一时间以同样的方式出现在世界各地。现在，世界上很多地方种植着各种驯化植物，但它们不是原本就生活在这些地方。本部分将告诉你一些驯化植物是在哪里被驯化的。

尽管番茄在16世纪就来到了意大利，但在很长一段时间里，人们都觉得它有毒（几乎所有欧洲人都这么想）。实际上，直到18世纪，番茄在欧洲才被广泛接受。

1　美洲

南瓜、向日葵、四季豆、玉米、马铃薯

2　安第斯山脉

番茄、藜麦

3　热带美洲

菠萝、甘薯（又称红薯、白薯等）、木薯、可可

4　西欧及地中海地区

洋蓟、芦笋、黑麦、花椰菜、椰枣、生菜、无花果、芜菁、甜菜

5　西亚、东欧及地中海东岸

小麦、豌豆、葡萄、洋葱

6　非洲

咖啡、甜瓜、西瓜

7　中亚

苹果、梨、樱桃

8　中国

大米、小米、桃、梨、樱桃、韭菜、橄榄、大豆、甜瓜

9　印度及东南亚

椰子、杧果、姜、茄子

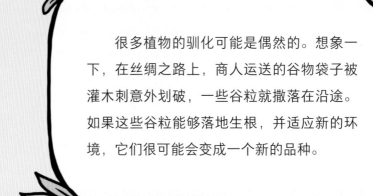

很多植物的驯化可能是偶然的。想象一下，在丝绸之路上，商人运送的谷物袋子被灌木刺意外划破，一些谷粒就撒落在沿途。如果这些谷粒能够落地生根，并适应新的环境，它们很可能会变成一个新的品种。

驯化植物是如何从一个地方来到另一个地方的呢？

通过贸易路线，如历史上的丝绸之路、香料之路；通过欧洲人远征美洲大陆时的海上路径；甚至还有一些植物的种子是在迁徙的动物的胃里横穿地球的！有时，这些植物进化出的某种特性可以适应新环境，因此它们得以在新环境中安家。这些迁徙便促成了很多新品种的出现。

简单的种植技巧

自农业诞生以来，人类就一直在提高种植技术。我们已经能够在一定程度上模拟自然条件，并以我们需要的方式对植物进行培育。我们驯化植物，换句话说，就是我们强迫它们适应我们现有的条件。下面是一些例子。

选择最好的种子。
想象你的目标是打破最大南瓜的吉尼斯世界纪录。把种子种下去。等它们长大之后，选出最大的南瓜的种子，再种下去……重复这个步骤，直到你收获到目前为止世界上最大的南瓜。

人工选择是将符合人类需求的个体或性状保留下来的过程。

在温室里种植。
不同植物需要不同的种植条件。温室里可以调节温度，做到四季如春，也可以避免种子被风吹走或被动物吃掉……

种子

○ **使用木棒**。为了保证植物正常生长，农民会将一些木棒插入地下，植物可以攀附它们成长。

○ **"租"蜜蜂来授粉**。一些农民会"租"蜜蜂来帮助花朵授粉，从而使授粉过程更快捷高效，作物产量更高。

○ **进行嫁接**。很多果树都是通过嫁接的方式得到新品种的。你可以把想要繁殖的果树跟正在生长的果树嫁接在一起，从而让获得的果实跟你想要的品种一样美味，同时为新品种的培育节省几年时间。

○ **自动灌溉**。为了保证所有作物都获得充足的水分，我们会采用自动灌溉技术。通过自动灌溉，我们能够控制灌溉量及灌溉周期。这样一来，是否下雨就不那么重要啦！

这些是番茄！

分辨蔬菜品种有时并不容易，况且每种蔬菜还会分出很多个子品种，这让这个问题变得更难……在秘鲁，光是番茄就有约5000种！

让我们来看看吧。你觉得番茄是什么样的呢？它们是……

红的? 圆的? 拳头大小的? 光滑的?

黑番茄 奇果番茄 樱桃番茄 番茄椒

植物的一些特征我们可以通过观察和触摸来识别，还有一些我们可以通过品尝来感知。另外一些特征我们无法通过感官来察觉，但科学家知道分辨的方法，比如分析它们的化学成分或是基因组成。我们的感官有时会产生错觉，认为两种相似的蔬菜或水果属于同一物种。但事实可能并非如此。

扁樱桃 李子 甜椒 圆锥椒 樱桃

灯笼椒 柿子

有没有可能所有物种都是从一个物种进化而来的呢？

有可能，连达尔文也有过这个想法。

这些是一家！

　　一些在我们看来属于不同物种的蔬菜，实际上却可能属于同一物种。例如西蓝花、卷心菜、花椰菜、芜菁、甘蓝，它们都是芸薹属的！我们如何定义物种呢？其实同一物种就是可以进行杂交，并产生可以生育的后代的一群生物。例如，西蓝花和花椰菜可以杂交，产生新的品种，所以它们是同一个物种。樱桃番茄和李子不能杂交，所以它们不属于同一物种。当然，这是个复杂的问题，因为会有很多例外，而且我们总能发现新的植物分类（以及再分类）的方法。不过大体上讲，这个定义和分类方法是有效的。

观察，观察，再观察

　　想要了解自然，学会观察是必不可少的。格雷戈尔·孟德尔用了8年的时间潜心研究豌豆。他不断观察和思考，并写下了大量细致的笔记，提出了重要的遗传学定律，最终被誉为"遗传学之父"。

　　让我们跟随这位伟大的科学家的脚步，来了解遗传学知识吧！你想迎接这个挑战吗？只要仔细观察下面这组图就可以。

　　这些植株里的豌豆都有什么特别之处？把你的观察结果记录下来。

亲本植株　　　　　　　　　　　亲本植株

子一代　　　　　　　　　　　　子一代

子二代　　　　　　　　　　　　子二代

尽管孟德尔是人们了解基因遗传的关键人物，但当时他的研究成果并没有引起人们的重视，致使这一伟大的发现沉寂了30多年。在他的修道院里，人们肯定经常吃豌豆。他总共种了超过28 000株豌豆！

亲本植株

子一代

子二代

格雷戈尔·孟德尔（1822—1884）

豌豆大预言：光粒、光粒、光粒，还是皱粒？

任何观察都可能成为伟大发现的起点。所以让我们来测试一下自己的观察能力吧！上一页你记下了什么？（写下来了吗？你还可以再回去补充一点儿想法。）

如果注意观察，你就会发现，在孟德尔把两个红色盆里种植的豌豆进行杂交之后，得到的是光粒豌豆。这是因为红色盆里种植的是表面光滑的豌豆。相反，当他把蓝色盆里的豌豆进行杂交后，得到的是皱粒豌豆，这也和蓝色盆里豌豆的类型有关。然而，当他把红色盆中的豌豆和蓝色盆中的豌豆进行杂交后，发生了什么呢？

光粒豌豆

皱粒豌豆

杂交豌豆

如果你以为用光粒豌豆和皱粒豌豆进行杂交，得到的会是一半光滑的一半皱的豌豆，那你就要失望了。性状只会以一种方式呈现：要么是光粒的，要么是皱粒的。

我是光滑的还是皱的，随心情而定。

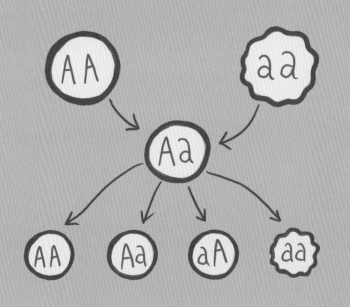

光粒豌豆和皱粒豌豆杂交，只能培育出光粒豌豆。然而，当把这些光粒豌豆培植的植株进行彼此杂交后，结出的豌豆有四分之一是皱粒的，四分之三是光粒的。孟德尔重复了很多次，结果总是如此。尽管子一代繁育出来的豌豆总是光粒的，但整体来说每四株子二代豌豆中就会有一株是皱粒的，其余是光粒的。所以他得出结论：有的遗传特征会在亲子代之间世代传递下去，但有时无法表现出来，比如豌豆皱的性状。

人类的蓝眼睛也是同样的道理！

手把手教你如何进行植物杂交

你想跟随孟德尔的脚步，学习植物杂交的方法吗？下面就开始吧！你需要一株番茄苗。进行杂交的最佳时机是植株上第一朵花出现的时候。

如果你想成为一名出色的科学家，别忘了好好写观察笔记，把你的实验详尽地记录下来！

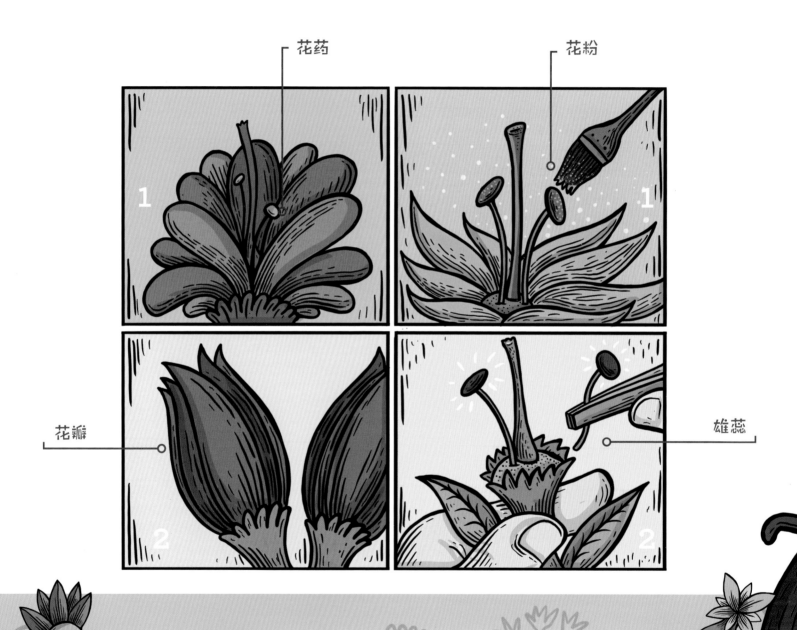

具体步骤

1 获取花粉。花粉是一种黄色粉末，一般都在花朵的花药中。每朵花只有很少的花粉，所以想要获得足够的花粉，你就需要多采集几株。采集的时候可以用刷子刷取。

2 选一朵花。选一朵闭合的花，小心地把它的花瓣和雄蕊取下来。

3 给花授粉。把花粉放到所选花朵的柱头上。贴好标签，以便确定是哪一朵花。

4 等待果实成熟。

5 你培育的第一代番茄品种要出现啦。好了，这就是你培育的第一个杂交品种。但这还不够！你要等待果实成熟，取出种子，再把种子种下去。然后——就会获得你培育的第一个番茄品种结出的果实！

柱头

种子

选择每一代中最好的番茄，用它们的种子培育出植株，然后进行下一次杂交。

实验室方法

19世纪前后，我们发现大多数生物是由成千上万个细胞组成的，每个细胞中都有DNA（脱氧核糖核酸），它携带着生物体的遗传信息。科学的进步使我们能够解读、分析，甚至改变DNA链的结构，这为我们开启了一个充满可能性的新世界，基因改良技术诞生了。直到今天，我们仍然利用基因改良技术驯化植物，获取能够抵御疾病的品种，并进一步调整它们的性状（味道、颜色、果实大小等）。

我们可以通过提取、分析植物叶子的DNA，来预测植株是否能够结果，或者它是否具有抗病能力。

基因突变是指DNA发生随机变化，它可以产生新品种。例如，葡萄园中的葡萄植株经常会发生基因突变，一株紫葡萄的枝条上突然结出白葡萄。通过枝条嫁接也能产生很多新品种。

我们利用辐射刺激植物产生突变，并选择最合适的突变体。

我们可以根据自己的需要，对DNA进行调整或改写。例如，改变某一物种的颜色，或是让它对某种疾病具有更好的抵抗力。

2010年，人类创造出了一个简单的生命体，这是一种由人工合成的基因组控制的微型细菌。仅仅是这个简单的生命体，就花费了科学家们近20年的时间！

也许有一天，人类可以完全独立地创造出一个可以食用的新物种！

通过实验室方法，人们能比通过传统基因改良技术更快得到想要的结果。

　　基因操纵的可能性，带来了很多伦理和道德问题。既然自然界中已经有很多物种，我们为什么还要制造更多物种？这样做有何意义？在什么情况下这样做是合理的，在什么情况下又是不合理的？如果我们修改植物基因的做法得到肯定，那么是否也意味着我们可以修改人类基因？在基因操纵这个问题上，我们应该有怎样的限制？这些由谁来决定？这些都是需要我们认真思考的问题。

保护生物多样性

生物的遗传多样性本身是非常丰富的。但它受到很多因素的影响，例如气候、疾病、外来物种的入侵、基因突变、野生物种的灭绝、以单一栽培为基础的现代农业（一块田里所有植物的基因都是相同的）……正是由于这些，我们才要寻找保护物种的方法。

野生物种　它们生长在自然界当中，是物种驯化的基础。没有经过人工培育的野生物种只能在它们的自然栖息地找到——而且它们中的很多都濒临灭绝！

所以，无籽西瓜是杂交品种。

没错！

自然界是一个复杂的系统，不同物种共存于其中。当人类驯化、种植（在任何农业系统中）时，人类就改变了自然界。无论这种改变是好是坏，都将不可避免地影响到被改造的物种本身及其所在的自然环境。意识到这一点至关重要，我们必须更负责任地做出决定。

杂交品种　通过基因筛选，在有针对性地杂交后获得。由于物种的特性，用它们的种子培植的植株与其亲本性状不同，就像孟德尔实验中的豌豆那样。这也是每年都需要购买特定的种子才能种植出它们的原因。

地方品种　在特定区域种植的传统品种。它们已经非常适应当地的气候条件和农业种植方法。对它们的保护通常在当地进行。

无籽西瓜自身没有种子，要怎么进行种植呢？

种子公司通过科学的手段获得无籽西瓜的种子。

过去与未来的保管员

如果我告诉你，世界上有一种银行，里面存放的并不是钱，你会想到什么？想象一下，里面是一排又一排的架子，架子上存放的是来自世界各地的种质资源，有成千上万种植物的种子，甚至有刚刚长出小芽的各类活体植物。这种种子银行被称为种质库，也叫种子库。

还记得你在这本书开篇列下的可食用植物清单吗？它们的种子肯定都储存在种质库里。众多的种质库就是一座座规模宏大的自然物种图书馆，除了保存植物物种外，一些科研项目也会在里面展开。

最著名的种子银行，当数挪威的斯瓦尔巴全球种质库。它于2008年落成，位于斯瓦尔巴特群岛的一座山里，在山体中100多米深的地方。内部的温度是零下18摄氏度，因此这里存放的种子可以保存数百年之久。

尽管一些种子银行会在科幻电影里亮相，但不是所有种子银行都那么壮观。种子银行分为很多类型，包括公共的和私人的、地方的和国际的。发起者可以是政府、大学、非政府组织，也可以是植物园、私人公司或农民个人，等等。每一个种子银行都有自己的侧重点和目标。

我给你们讲个故事，在我像你们这么大的时候……

有些种子可以长期保存。2005年，以色列科学家成功地让一颗保存了2000多年的椰枣种子发芽了！

后　记

现在你对植物又多了一些了解。你已经明白了野生和驯化的区别（快说"是！"），也弄懂了植物在适应环境（包括自然环境和人工环境）的过程中会不断进化。你对实验室和种子银行有了更多了解，也进一步意识到保护生物多样性的必要性。太棒啦！但请不要就此止步，还有更多有趣的事情等待你去发现。

到目前为止，你所学到的一切都将有助于人类应对全世界正面临的挑战。比如在植物驯化和保护之间找到平衡，避免对野生物种和生物多样性造成伤害；再比如让全世界的人都能吃饱，减少食物短缺状况，避免浪费。

基因改良技术将会提供很大帮助。它需要和其他技术结合，包括利用机器人和无人机，信息技术、纳米技术等等。但要想真正应对这些挑战，光靠科学研究是不够的。很多问题都需要我们改变思维方式，即要做到应对挑战，我们就必须找到"改良"的最佳途径——一种既公平又坚定的方法。

关于作者

伊班

她出生于比利牛斯山区，拥有分子生物学和生物化学博士学位，是加泰罗尼亚农业食品研究和技术研究所（IRTA）的研究小组成员。她主要研究植物遗传学及物种进化，尤其关注栽培植物的驯化。

阿尔贝托

他是一位智利插画师，出生于基多。多年来，他在自己的博客Dosis Diarias上发表小插画，并以独立插画师的身份与哥伦比亚、阿根廷、委内瑞拉、秘鲁、智利和西班牙的许多出版社和广告公司合作。自2006年以来，他与插画家里尼尔四处旅行，把他们对插画的热情和幽默融合在共同的作品当中。

译后记

今天吃什么？

这本书讲的是植物的驯化，或者你也可以把它的主题理解成"今天吃什么"。

对于小读者来说，现在这个问题可能不用你来操心，因为买菜做饭之类的事情都是由爸爸妈妈负责，你只需要好好吃饭，快快长大。不过等你长大之后就会发现，这个问题其实挺难的，因为可选择的太多啦！

当然，这只是我们现代人——或者说，人类在植物驯化技术足够成熟之后——才有的苦恼。对于早期人类，这个问题则很关键，他们的选择会直接决定这一天有没有东西吃，毕竟，他们要么采集——采果子、挖野菜，要么打猎，这二者都有落空的可能。

大约一万年前，农业才诞生。植物驯化是农业的起点，它意味着人类获得了稳定的食物来源。正所谓"仓廪实而知礼节"，食物充足，人类才有闲暇发展文明，逐渐把世界建造成现在这般缤纷多彩的模样。

今天人类驯化植物的技术已经非常成熟了，所以对于可以阅读这本书的你来说，美美地填饱肚子可能并不是什么难事。但我们也不能忽略，一方面，出于种种原因，世界上仍有很多欠发达地区存在粮食不足的情况；另一方面，在吃得饱的情况下，人类自然就会想要"吃得好"。在全球化时代，过度调动资源，只为"尝一口鲜"是否合适，以及基因操纵在一些具体情况下是否必要，人类是否应当令自然无限制地服务于自己，这些都是我们面临的问题。

对于这些问题，读过这本书的你或许已经有了一些想法。不过现在，你还不需要太过忧虑。你不妨帮爸爸妈妈想想"今天吃什么"，说不定他们正在为此发愁呢！

不要说吃薯条、可乐、炸鸡、冰激凌！要多吃蔬菜！

MEIWEI ZHIWU DE JINHUA
美味植物的进化

出版统筹：汤文辉
品牌总监：耿　磊
选题策划：耿　磊
责任编辑：吕瑶瑶
美术编辑：卜翠红
营销编辑：钟小文
版权联络：郭晓晨
　　　　　张立飞
责任技编：郭　鹏

著作权合同登记号桂图登字：20-2021-137 号

图书在版编目（CIP）数据

美味植物的进化　/　（西）伊班·爱德华多·穆尼奥斯著；（智）阿尔贝托·蒙特绘；
王扬译. 一桂林：广西师范大学出版社，2021.5
　　书名原文：Plantas domesticadas y otros mutantes
　　ISBN 978-7-5495-5317-4

　　Ⅰ. ①美… Ⅱ. ①伊… ②阿… ③王… Ⅲ. ①植物－进化－少儿读物 Ⅳ. ①Q941-49

中国版本图书馆 CIP 数据核字（2021）第 039910 号

广西师范大学出版社出版发行
（广西桂林市五里店路 9 号　邮政编码：541004）
（网址：http://www.bbtpress.com）
出版人：黄轩庄
全国新华书店经销
北京博海升彩色印刷有限公司印刷
（北京市通州区中关村科技园通州园金桥科技产业基地环宇路 6 号　邮政编码：100076）
开本：889 mm × 1 020 mm　1/12
印张：4　　　　字数：30 千字
2021 年 5 月第 1 版　　2021 年 5 月第 1 次印刷
定价：54.00 元

如发现印装质量问题，影响阅读，请与出版社发行部门联系调换。